우리 아이 두뇌를 깨우는
주스 & 스무디

우리 아이 두뇌를 깨우는

주스 & 스무디

초판 1쇄 인쇄 2017년 8월 21일
초판 1쇄 발행 2017년 8월 25일

지은이 최주영
펴낸이 양동현
펴낸곳 아카데미북
　　　출판등록 제13-493호
　　　주소 02832, 서울 성북구 동소문로13가길 27
　　　전화 02) 927-2345　팩스 02) 927-3199

ISBN 978-89-5681-170-3 / 13590

＊잘못 만들어진 책은 구입한 곳에서 바꾸어 드립니다.

www.iacademybook.com

이 도서의 국립중앙도서관 출판시도서목록(CIP)은
e-CIP홈페이지(http://www.nl.go.kr/ecip)와 국가자료공동목록시스템(http://www.nl.go.kr/kolisnet)에서
이용하실 수 있습니다. CIP제어번호 : CIP2017020270

우리 아이 두뇌를 깨우는

주스 & 스무디

최주영

아카데미북

머리말

신선한 채소와 과일로 자녀의 건강을 지켜 주세요

요즘 주부들은 음료를 선택할 때 자녀를 가장 신경 쓴다고 해요. 어린아이를 둔 가정에서는 성장기 발육이 신경 쓰이고, 학교에 다니는 자녀를 둔 가정에서는 건강과 학교생활, 특히 성적과 관련된 스트레스를 어떻게 풀어 줄 것인가가 가장 큰 관심사겠지요. 특히 입시를 앞둔 수험생이 있는 가정에서는 음식에 대한 고민이 클 거예요.

이 책은 이유식을 시작하는 아기, 성장기 어린이, 수험생 자녀의 영양과 입맛을 고려한 주스(스무디)를 다루었습니다. 특히 긴장과 피로가 쌓여 아침밥을 제대로 먹지 못하는 수험생을 위한 영양을 꼼꼼히 챙겼습니다. 쉽게 구할 수 있는 채소와 과일, 콩, 두유를 활용한 주스는 두뇌에 활력을 주는 멋진 응원이 될 것입니다.

엄마가 만들어 주는 주스가 최고인 이유는 제철에 나는 좋은 재료에 정성을 가득 넣었기 때문이겠죠.

비타민과 미네랄이 듬뿍 담긴 주스 한 잔 만들어 보세요!

2017년 여름, 최주영

목차

PART 4 수험생 건강을 챙겨 주는 주스

이유식으로 좋은 퓌레와 수프

사과 퓌레

재료

사과 1/4개
물 적당량

만들기

1 사과는 껍질을 벗기고 잘게 자른다.
2 물이 끓으면 사과를 넣고 1~3분간 살짝 삶는다.
3 삶은 사과를 고운체에 내려 으깬다.

배 퓌레

재료
배 1/2개

만들기
1 배는 껍질을 벗기고 잘게 자른다.
2 배를 끓는 물에 살짝 데친 뒤 블렌더에 간다.

바나나 퓌레

재료

바나나 1/2개
모유(분유) 1~2큰술

만들기

1 바나나는 양쪽 끝을 잘라 내고 껍질을 벗긴다.
2 끓는 물에 바나나를 넣고 3분간 데친다.
3 ②를 고운체로 걸러 모유(분유)를 넣고 농도를 맞춘다.

망고 퓌레

재료

망고 1개
설탕 1/3컵(선택 사항)

만들기

1 망고를 한입 크기로 자른다.
2 냄비에 망고를 넣고 약한 불에 끓인다.

블루베리 퓌레

재료

블루베리 1컵
설탕 1/3컵(선택 사항)

만들기

1 냄비에 블루베리와 설탕을 넣고 약한 불에서 주걱으로 저으며
  끓인다.
2 약간 걸쭉해지면 불을 끄고 식힌다.

파인애플 퓌레

재료
파인애플 200g
설탕 1/3컵(선택 사항)
레몬즙 1/2스푼

만들기
1 파인애플은 한입 크기로 잘라 믹서로 간다.
2 냄비에 파인애플과 설탕을 넣고 중불에서 20~30분간 끓인다.
3 걸쭉해지면 불을 끄고 식힌다.

감자 퓌레

재료
감자 1개
물 적당량

만들기
1 감자를 한입 크기로 자르고 끓는 물에 감자를 찐다.
2 찐 감자를 잘게 다진다.
3 잘게 다진 감자에 물을 약간 넣고 섞는다.

고구마 퓌레

재료
고구마 1개

만들기
1 고구마를 깨끗이 씻어 찜통에서 15분간 찐다.
2 껍질을 벗겨 내고 잘게 으깬다.

당근 퓌레

재료
당근 1개

만들기
1 당근을 깨끗이 씻어 한입 크기로 자른다. 껍질은 가능한 벗기지
  않는다.
2 당근을 찜기에 넣고 센 불에서 15분간 찐다.
3 완전히 익으면 꺼내어 뜨거울 때 바로 으깨거나 블렌더에 간다.
4 충분히 식힌다.

시금치 퓌레

재료
시금치 50g

만들기
1 시금치를 한입 크기로 자른다.
2 팔팔 끓는 물에 시금치를 데친다.
3 데친 시금치를 잘게 다진 뒤 블렌더에 넣고 간다.

완두콩 퓌레

재료
완두콩 1/2컵

만들기
1 완두콩을 끓는 물에 삶는다.
2 삶은 완두콩을 잘게 으깬다.

단호박 퓌레

재료
단호박 1/4개

만들기
1 단호박을 깨끗하게 씻어 반을 가르고 씨를 긁어낸다.
2 단호박을 한입 크기로 자르고 찜기에 넣어 15분간 찐다.
3 껍질을 제거하고 고운체에 으깨면서 내린다.

우리 아기 첫 과일 어떻게 먹일까

신맛이 적은 사과부터 먹인다

아기에게 처음으로 과일 즙을 먹일 때는 사과부터 먹인다. 귤·오렌지 등의 감귤류는 소화되지 않고 알레르기 반응을 일으키는 경우가 있다. 따라서 이유식을 시작할 때는 신맛이 적은 과일을 먼저 먹인 뒤 생후 12개월이 지나면서 다른 과일을 먹이는 것이 좋다. 과일의 섬유질은 강판이나 블렌더에 갈아 흡수가 잘되도록 한다.

변이 묽은 아기는 조금만 먹인다

과일을 많이 먹는 아기 중에는 소화가 안 되어 방귀를 잘 뀌거나 만성 설사에 시달리는 경우가 있다. 배, 사과, 포도, 자두, 살구 등 섬유질이 풍부한 과일은 복통과 설사를 일으키기도 한다. 섬유질이 많은 과일은 변을 묽게 만들므로 변이 묽을 때는 과즙의 양을 늘리지 않는다. 당분간 먹이지 않는 것도 괜찮다. 또한 과일 주스는 변을 산성화하여 아기 엉덩이를 자극하여 기저귀 발진의 원인이 되기도 한다. 특별한 이유 없이 변이 묽거나 기저귀 발진이 생겼다면 주스의 양을 점검해 본다.

조심해서 먹여야 하는 과일

딸기·오렌지·키위·파인애플·토마토 _ 알레르기를 일으키는 '히스타민'이라는 물질이 들어 있어 너무 일찍부터 먹이면 알레르기를 일으킬

가능성도 있다. 이왕이면 돌이 지나서 먹이는 것이 좋으며, 알레르기가 있다면 전문가와 상담할 필요가 있다. 20분 이상 끓여 주면 히스타민으로 인한 알레르기를 방지할 수 있다.

자두 _ 섬유질이 다른 과일의 3~6배 정도 된다. 변비 개선 식품이므로 변이 묽거나 설사가 잦은 아기에게는 먹이지 않는 것이 좋다.

자몽 _ 소장 내에서 특정한 효소의 작용을 억제하는 성분이 들어 있어 약의 흡수를 방해하기도 한다. 대개 약을 먹일 때는 같이 먹이지 않는 것이 좋다.

과일, 얼마만큼 주어야 할까?

성장기 아이에게 과일을 맘껏 먹이면 과일의 당분으로 인해 칼로리가 충족되므로 식욕이 떨어진다. 그렇게 되면 식사를 통한 영양을 골고루 섭취할 수 없게 되어 키가 제대로 자라지 않거나 두뇌 발달이 더딜 수 있다. 또한 당분은 소아 비만의 원인이 되기도 하므로 적절히 조절한다. 돌 전의 아기는 어른에 비해 필요로 하는 섬유질 양이 매우 적다. 주스의 경우에는 하루 120cc 정도면 충분하다. 이유식 초기에는 하루 50cc 이하로 주되, 과일 주스를 처음 먹일 때는 1~2스푼만 먹인다. 차츰 양을 늘리면 돌 무렵에는 하루 120cc 정도를 먹일 수 있다. 돌이 지나도

과일 주스는 하루 120cc 정도가 적당하며, 하루 180cc 이상 먹이지 않는다. 만 6세 정도까지는 하루에 120~180cc 정도가 적당하다.

과즙을 처음 먹일 때는 과즙과 물의 양을 1 : 1로 희석해서 먹이고, 서서히 원액의 약을 늘리는 것이 좋다. 첫날은 과즙 5cc에 물 5cc를 섞어 주고, 잘 먹는다면 다음날 과즙 10cc에 물 10cc를 섞어 준다. 그 다음에는 과즙 20cc에 물 20cc, 또 그 다음에는 과즙 30cc에 물 30cc를 섞어 준다. 이렇게 희석한 과즙을 60cc 정도 먹게 된다면, 물을 줄이고 과즙의 양을 늘린다. 순수한 과즙을 60cc 정도 먹게 되면, 차츰 부드러운 과일부터 과육을 으깨어 먹인다. 참고로, 포도처럼 과육이 미끈거리는 것을 알맹이가 통째로 넘어가 식도를 막을 수도 있으니 두 돌까지는 작은 포도라도 잘게 썰어서 스푼으로 떠먹게 한다.

아이가 하루에 먹는 과일의 적당량

사과 _ 1/2개. 사과 식물섬유가 풍부하며 한 쪽만으로도 하루에 필요한 당분, 비타민을 섭취할 수 있다.

포도 _ 한 주먹. 포도당(과당)이 풍부하여 피로 해소 효과가 크다.

귤 _ 중간 크기 2개.

오렌지 _ 중간 크기 1개로 비타민 하루 필요량을 섭취할수 있다.

바나나 _ 1~2개. 저열량 식품으로 포만감을 준다.

유아를 위한 퓌레

퓌레puree는 '정제하다'라는 뜻의 프랑스어 'purer'에서 파생된 말로, 채소나 과일, 콩, 육류를 곱게 갈아 체에 걸러 걸쭉하게 만든 음식이다.

서양요리에서 기본적인 맛을 내는 재료로 사용되는데, 페이스트(과일, 채소, 고기, 견과류 등을 갈아 체에 으깨 부드럽게 조리한 소스)보다 더 묽은 형태를 띤다. 대개 이유식을 시작하면서 생과일을 그대로 갈거나 즙을 짜서 과즙을 주는 경우가 많은데, 생후 6~8개월까지는 갈아서 익혀 퓌레를 만들어 주면 소화 흡수가 잘되고 감염의 위험에서 벗어날 수 있다. 수분과 섬유질을 섭취할 수 있는 좋은 방법이다.

채소 퓌레의 효과

채소 퓌레는 어린이들에게 채소를 거부감 없이 먹일 수 있어 영양의 균형을 이룰 수 있으며, 아토피나 알레르기 등의 증상을 개선하는 데도 효과가 있다. 어른의 경우에도 꾸준히 먹으면 당뇨병이나 고혈압, 비만 등의 생활습관병을 예방하고 개선하는 데 많은 도움이 된다. 퓌레에 적합한 채소로는 감자, 고구마, 당근, 호박, 양파, 청경채, 시금치, 케일, 토마토, 양배추, 배추, 브로콜리, 콜리플라워, 무, 콩 등이 있다.

퓌레 보관법

퓌레는 냉장실에서 2~3일, 냉동실에서 3개월 동안 보관 가능하다. 제철에 나는 채소를 퓌레로 만들어 보관하면 언제나 간편하게 요리에 응용할 수 있다.

단호박 수프

단호박은 성장기 어린이에게 좋다. 변비, 피부 트러블을 개선한다.

재료

단호박 100g
물 300㎖
우유 50㎖
생크림 50㎖
버터 1작은술
소금 · 후추 약간씩

만들기

1 단호박은 2*cm* 크기로 잘라 물 300*ml*에 삶는다.(단호박 삶은 물을
  버리지 않고 국물로 쓴다.)
2 블렌더에 ①의 단호박과 삶은 물을 넣고 곱게 간다.
3 ②를 냄비에 담고 우유와 생크림 넣어 끓인다.
4 ③에 버터를 넣고 소금 · 후추로 간한다.

옥수수 수프

누구나 좋아하는 수프. 피부 트러블, 변비, 냉증, 갱년기장애 개선. 성장기 아이들에게
좋다.

재료

옥수수(캔옥수수 가능) 150g
물(육수) 300㎖
우유 50㎖
생크림 50㎖
버터 1작은술
소금 · 후추 약간씩

만들기

1 통옥수수를 껍질째 소금물에 삶아서 식으면 껍질을 벗기고
  알갱이를 떼어낸다.
2 블렌더에 ①, 물, 우유, 생크림을 넣고 부드러워질 때까지 간다.
3 ②를 냄비에 넣고 끓이다가 버터를 넣고 소금 · 후추로 간한다.

콜리플라워 수프

콜리플라워는 피부 트러블, 변비, 식욕부진을 해소하는 데 도움이 된다.

재료

콜리플라워 150g
양파 80g
따뜻한 물 400㎖
우유 50㎖
생크림 50㎖
버터 1큰술
소금 · 후추 약간

만들기

1 콜리플라워는 작게 나눠서 $300ml$의 물에 삶는다.
2 양파는 채 썰어 버터에 부드러워지도록 볶는다.
3 블렌더에 양파와 콜리플라워와 삶은 물을 넣고 곱게 갈아
  우유와 생크림을 넣는다.
4 재료를 냄비에 넣고 끓인 뒤 소금 · 후추로 간한다.

브로콜리 치즈 수프

뼈를 튼튼하게 하는 효과가 있다. 점심으로 좋다.

재료

브로콜리 150g

양파 50g

물(또는 닭 육수) 400㎖

우유 50㎖

생크림 50㎖

체다 치즈 1장

버터 1큰술

소금 · 후추 약간

만들기

1 브로콜리는 꽃송이를 작게 나누어 300㎖의 물에 삶는다.

2 양파는 채 썰어 버터에 부드러워지도록 볶는다.

3 블렌더에 브로콜리와 삶은 물을 넣고 곱게 간 뒤,
  우유 · 생크림 · 치즈를 넣는다.

4 재료를 냄비에 넣고 끓인 뒤 소금 · 후추로 간한다.

감자 물냉이 수프

편식하는 아이도 좋아하는 맛. 변비 개선 효과도 크다.

재료

감자 150g
물냉이(크레송) 30g
물 400㎖
우유 50㎖
생크림 50㎖
버터 1큰술
소금 · 후추 약간씩

만들기

1 감자는 껍질을 벗기고 2cm 크기로 잘라 물에 삶는다. 감자 삶은
   물은 버리지 않고 국물로 쓴다.
2 물냉이는 2cm 길이로 잘라 둔다.
3 블렌더에 감자, 삶은 물, 물냉이를 넣고 곱게 갈아 우유와
   생크림을 넣는다.
4 재료를 냄비에 넣고 끓인 뒤 버터를 넣고 소금 · 후추로 간한다.

채소를 싫어하는 아이를 위한 주스

Hakuna M...

...ugh Pumbaa and Timon's ...
...d, they certainly taught Simba ...
... these simple rules of the kitchen, yo...
...osophy. *Hakuna matata!*

🐾 Wash your hands with soap and warm water before
handling food.

🐾 If your hair is long, tie it back.

... an apron and roll up your sleeves.

... he recipe before you begin, to make sure you

... ingredients you need.

... the ingredients' before

당근 사과 오렌지 주스

재료
당근 1/2개, 사과 1/2개, 오렌지 1/3개

만들기
1 당근은 껍질을 벗기고 한입 크기로 자른다.
2 오렌지는 껍질과 씨를 제거하고 한입 크기로
  자른다.
3 사과는 껍질과 심을 제거하고 한입 크기로 자른다.
4 모든 재료를 주서에 넣고 즙을 낸다.

시금치 오렌지 사과 주스

시금치에 과일을 섞어 맛을 좋게 한 주스

재료

시금치 100g
오렌지 · 사과 1개씩
레몬즙 1큰술

만들기

1 시금치는 깨끗이 손질하여 자른다.
2 오렌지는 껍질을 벗기고 사과는 심을 제거한다.
3 모든 재료를 주서에 넣고 즙을 낸 뒤 레몬즙을 섞는다.

당근 양배추 셀러리 오렌지 주스

오렌지가 채소의 맛을 완화하여 채소를 듬뿍 섭취할 수 있다.

재료

당근 1개
양배추 100g
셀러리 30g
오렌지 1개
레몬즙 1작은술

만들기

1 당근, 양배추, 셀러리는 한입 크기로 자른다.
2 오렌지도 껍질을 벗기고 한입 크기로 자른다.
3 ①과 ②를 주서에 넣어 즙을 낸 뒤 레몬즙을 섞는다.

토마토 사과 주스

오이 사과 멜론 주스

토마토 사과 주스

토마토를 싫어하는 아이도 사과를 섞으면 잘 마신다.

재료

토마토 · 사과 · 귤 1개씩
레몬즙 약간

만들기

1 토마토는 꼭지와 껍질을 제거하고, 사과는 심을
　제거하고, 귤은 껍질을 깐다.
2 ①을 한입 크기로 썰어서 블렌더에 모두 넣고 간다.

오이 사과 멜론 주스

땀을 많이 흘렸을 때 청량감을 주는 주스. 사과와 멜론으로 풀냄새를
없앤다.

재료

오이 1개
사과 1/2개
멜론 100g

만들기

1 오이는 한입 크기로 자른다.
2 사과와 멜론은 껍질과 심(씨)을 제거하고 한입 크기로
　자른다.
3 모든 재료를 주서에 넣고 즙을 낸다.

딸기 살구 바나나 우유

수용성·불용성 식이섬유를 모두 섭취할 수 있는 주스

재료

딸기 5개
바나나 1/2개
말린 살구 4개
우유 120㎖

만들기

1 딸기는 꼭지를 떼어 낸다.
2 바나나는 껍질을 벗겨 한입 크기로 자른다.
3 모든 재료를 블렌더에 넣고 15~20초간 간다.

흑임자 딸기 우유

칼슘과 단백질, 지질이 많은 흑임자에 우유를 섞어 칼슘의 양을 늘렸다. 비타민 C가 풍부한 딸기를 섞으면 맛도 좋고 칼슘 흡수율도 높아진다.

재료

흑임자 1큰술
딸기 10개
우유 150㎖
벌꿀 약간

만들기

1 흑임자는 깨끗이 손질한 것으로 준비한다.
2 딸기는 깨끗이 씻어서 꼭지를 딴다.
3 모든 재료를 블렌더에 넣고 간다.

쑥갓 시금치 우유

단백질이 풍부한 우유에 칼슘이 풍부한 쑥갓과 시금치를 섞어 뼈의 성장을 돕는다.

재료

쑥갓 1/4단
시금치 1/4단
우유 200㎖
벌꿀 약간

만들기

1 쑥갓과 시금치는 밑동을 잘라 내고 물에 씻어 물기를 뺀 뒤 한입
  크기로 썰어 블렌더에 간다.
2 ①을 유리컵에 따르고 우유와 벌꿀을 섞는다.

아이의 불편한 증상에
도움이 되는 주스

연근 감 주스

비타민 C가 풍부하여 피로 해소 및 감기 예방 효과가 좋다. 감과 함께 섭취하면 목의
통증에도 효과적이다.

재료

연근 50g
감 1/2개
냉수 200㎖
벌꿀 약간

만들기

1 연근은 껍질을 벗겨 물에 씻어 둔다.
2 감은 껍질을 벗기고 씨를 뺀다.
3 모든 재료를 블렌더에 넣고 간다.

귤 감 스무디

열을 내려 준다.

재료

감 1/2개
귤 2개
생강즙 1작은술
꿀 2작은술

만들기

1 감은 껍질과 씨를 제거하고 잘게 자른다.
2 귤은 옆으로 반으로 자르고 스퀴저로 과즙을 짠다.
3 모든 재료를 블렌더에 넣고 간다.

귤 바나나 스무디

망고 사과 당근 주스

망고 사과 당근 주스

당근의 카로틴은 면역력을 높이고, 사과산은 목의 염증을 완화한다.

재료

망고 · 사과 · 당근(중간 크기) 1/2개씩

만들기

1 망고는 껍질과 씨를 제거하여 한입 크기로 자른다.
2 당근은 껍질을 벗겨 은행잎 모양으로 자른다.
3 사과는 껍질과 심을 제거하여 한입 크기로 자른다.
4 주서에 모든 재료를 넣고 즙을 내어 물을 섞는다.

귤 바나나 스무디

재료

금귤 3개
귤 2개
바나나 1/2개
꿀 2작은술
냉수 50㎖

만들기

1 금귤을 씻어서 씨를 빼내고 한입 크기로 자른다.(금귤
  대신 귤껍질을 잘게 썰어 꾸덕하게 말려 쓰기도 한다.)
2 귤은 가로로 반 갈라 스퀴저로 즙을 짠다.
3 바나나는 껍질을 벗기고 2cm 크기로 자른다.
4 모든 재료를 블렌더에 넣고 간다.

무 포도 주스

무의 아밀라제와 탄닌 성분이 설사를 그치게 한다.

재료

무 200g

포도 150g

꿀 1작은술

만들기

1 무는 껍질을 벗기고 한입 크기로 자른다.

2 무와 포도를 주서에 넣어 즙을 짠 뒤 잔에 담고 꿀을 섞는다.

무 사과 주스

재료

무 200g
사과 1/2개
꿀 1작은술

만들기

1 무는 껍질을 벗기고 한입 크기로 자른다.
2 사과는 깨끗이 씻어서 심을 도려내고 한입 크기로 자른다.
3 무와 사과를 주서에 넣고 즙을 짠 뒤 잔에 담고 꿀을 섞는다.

따뜻한 사과 당근 주스

사과의 펙틴 성분이 장내의 대장균 활동을 억제하고 유산균의 활동을 촉진한다.

재료

사과 1/2개
당근 1/3개
물 100㎖
벌꿀 1큰술
레몬즙 약간

만들기

1 사과는 껍질과 심을 제거하고 한입 크기로 자른다.
2 당근은 껍질과 꼭지를 제거하고 한입 크기로 자른다.
3 ①과 ②를 냄비에 담고 끈기가 생길 때까지 끓인다.
4 꿀과 레몬즙을 넣어 마신다.

단호박 요거트

구내염으로 입안이 아파 제대로 먹지 못할 때 영양을 보충할 수 있다.

재료

단호박 50g
플레인 요거트 100㎖
우유 50㎖
꿀 2작은술

만들기

1 단호박은 꼭지를 제거하고 랩으로 싸고 전자레인지에 2분간
  가열하여 익힌 뒤 껍질을 벗기고 잘게 자른다.
2 모든 재료를 블렌더에 넣고 간다.

Ce gâteau cache
venus à notre
elier de gâteaux!
art de notre chef
chevronné sublime
goût de produits naturels
choisis.
au n'utilise que des
tout frais
votre corps appréciera.

바나나 코코아 우유

구내염에는 걸쭉한 음료가 효과적이다.

재료

바나나 1/2개
코코아 가루 1큰술
뜨거운 물 2큰술
우유 150㎖
꿀 1큰술

만들기

1 바나나는 껍질을 벗겨 내고 잘게 자른다.
2 코코아를 뜨거운 물에 넣고 저어 녹인다.
3 모든 재료를 블렌더에 넣고 간다.

감자 셰이크

목이 아파 제대로 먹지 못할 때 부드러운 목 넘김으로 영양을 공급한다.

재료

감자 1/2개
우유 200㎖
꿀 1작은술

만들기

1 감자를 쪄서 익힌다. 쉽게 찌려면 랩에 싸서 전자레인지에 넣고
  2분간 가열한다.
2 뜨거울 때 껍질을 벗기고 2cm 크기로 자른다.
3 모든 재료를 블렌더에 넣고 간다.

사과 블랙커런트차

사과와 블랙커런트에는 비타민 C와 바이오 플라보노이드가 풍부하며 충혈을
해소하는 효과도 있어서 어린이 호흡기 감염에 효과가 좋다.

재료

사과 1개
블랙커런트(냉동) 50g
물 600㎖
꿀 2큰술
레몬즙 2작은술

만들기

1 사과는 씨를 심을 도려내고 잘게 자른다.
2 팬에 물을 담고 사과와 블랙커런트를 넣고 끓인다. 끓어오르면
　10분간 더 끓여서 거른다.
3 꿀과 레몬즙을 넣고 골고루 저은 뒤 따뜻할 때 마신다.

PART
4

수험생 건강을 챙겨 주는 주스

바나나 호두 오곡 미숫가루

부드럽고 구수한 맛에 영양이 풍부한 식사 대용식

재료

바나나 1/2개
호두 2~3개
오곡(현미, 보리, 찹쌀, 콩, 수수) 미숫가루 2큰술
우유 200㎖
꿀 1작은술(선택 사항)

만들기

1 미숫가루를 쉐이커에 넣고 우유를 부어 고루 섞이도록 흔든다.
2 바나나는 껍질을 벗기고 한입 크기로 자른다.
3 ①과 ②, 호두를 블렌더에 넣고 간 뒤 잔에 따르고 기호에 따라 꿀을 넣어 마신다.
4 미숫가루 양이 많아 오래 두고 먹을 때 여러 개의 병에 나누어 담으면 공기 접촉을 줄일 수 있어 고소함이 오래 유지된다.

딸기 바나나 우유

딸기와 바나나에 우유를 넣어 맛이 부드럽고 포만감을 주므로 바쁜 아침 식사로 좋다.

재료

딸기 6개
바나나 1/2개
우유 120㎖

만들기

1 딸기는 꼭지를 떼어 낸다.
2 바나나는 껍질을 벗겨 한입 크기로 자른다.
3 모든 재료를 블렌더에 넣고 15~20초간 간다. 우유 대신 요거트를 넣으면 주스 맛이 훨씬 좋아진다.

망고 살구 우유

아침식사 대용. 망고와 살구의 카로틴, 망고의 비타민 C에 우유 단백질을
섞어 균형 잡힌 영양을 섭취할 수 있다.

재료

망고 1/2개
말린 살구 4개
피넛버터 1큰술
우유 120㎖

만들기

1 망고는 껍질과 씨를 제거하고 한입 크기로 자른다.
2 말린 살구를 손질한다.
3 모든 재료를 블렌더에 넣고 15~20초간 간다.

파파야 망고 파인애플 바나나

칼로리가 높아 에너지를 보충 효과가 빠르다. 식사와 식사 사이가 길 때 마시면 좋다.

재료

파파야 1/4개
망고 1/2개
파인애플 50g 1/2슬라이스
바나나 1/2개
냉수 100㎖

만들기

1 모든 재료의 껍질과 씨, 심을 제거하고 한입 크기로 자른다.
2 모든 재료를 블렌더에 넣고 간다.

단호박 셰이크

단호박은 소화 흡수가 잘되어 위장 건강에 좋으며, 뇌신경을 안정시켜 불면증 개선 효과가 있다. 특히 시험을 앞두고 있을 때 단호박을 먹으면 긴장이 풀어지고 마음이 차분해진다.

재료

단호박 100g
우유 150㎖
꿀 1큰술(선택 사항)

만들기

1 단호박을 잘라 씨를 빼고 찜기나 전자레인지에 익혀서 차게
식힌다.
2 모든 재료를 블렌더에 넣고 간다.

밤 바나나 오렌지 두유

밤은 하반신의 근육을 강화하는 효과가 있다. 두유에는 노화를 방지하는 레시틴과
신진대사를 활발하게 하는 비타민 B군이 들어 있다.

재료

밤(삶아서 껍질 벗긴 것) 4개
바나나 1/4개
오렌지 1/4개
두유 150㎖
벌꿀 1작은술

만들기

1 밤은 삶아서 껍질을 벗긴다.
2 바나나는 껍질을 벗기고 한입 크기로 자른다.
3 오렌지는 겉껍질을 벗기고 한입 크기로 자른다.
4 모든 재료를 블렌더에 넣고 간다.

바나나 프룬 두유

프룬에는 철분이 풍부하여 혈액 생성 및 대사 촉진 작용이 있다. 바나나는 에너지를 높이고, 두유의 비타민 B군은 피로 해소 효과가 크다.

재료

바나나 1/2개
푸룬 2개
두유 150㎖

만들기

1 바나나는 껍질을 벗기고 한입 크기로 자른다.
2 모든 재료를 블렌더에 넣고 간다.

바나나 파인애플 요거트

이른 아침 운동 후에 마시면 좋다. 파인애플에 풍부한 구연산과 비타민 B1이 피로를
풀어 주며, 바나나가 에너지를 보충한다.

재료

바나나 1개
파인애플 100g(1슬라이스)
요거트 50㎖

만들기

1 바나나는 껍질을 벗겨 한입 크기로 자른다.
2 파인애플은 껍질과 심을 제거하여 한입 크기로 자른다.
3 모든 재료를 블렌더에 넣고 15~20초간 간다.

포도 파인애플 스무디

힘든 일이 기다리고 있는 아침, 포도의 포도당이 뇌의 에너지원으로 작용하므로
아침부터 힘든 일을 해야 하는 날 힘을 준다. 파인애플은 단맛과 신맛은 소화를 돕고
피로를 풀어 준다.

재료

포도(레드글로브) 160g(약 16개)
파인애플 50g(1/슬라이스)
냉수 100㎖

만들기

1 포도를 씻어서 절반으로 잘라 씨를 빼낸다.
2 파인애플은 껍질과 심을 제거하여 한입 크기로 자른다.
3 모든 재료를 블렌더에 넣고 15~20초간 간다.

포도 복숭아 배 파슬리 주스

한방에서 기혈순환 약재로 쓰는 포도, 간 기능을 좋게 하여 피로를 풀어 주는 복숭아, 호흡기질환을 예방하는 배, 면역력을 높여 주는 파슬리의 조합으로 수험생의 건강을 지켜 주는 주스.

재료

포도 50g
복숭아 1/2개
배 1/4쪽
파슬리 2g
냉수 100㎖
꿀 1큰술(선택 사항)

만들기

1 포도와 복숭아는 씨만 제거한다.
2 배는 껍질과 씨를 제거한다.
3 재료를 한입 크기로 잘라서 한꺼번에 블렌더로 갈아서 거르거나 주서에 넣어 즙을 낸다.

귤 키위 주스

과일에 들어 있는 칼륨과 감귤류에 풍부한 구연산은 피로 해소 효과가 크다. 신맛이
강하면 꿀을 넣어 마신다.

재료

귤 1개
키위 1개
냉수 50㎖
벌꿀 1작은술(선택 사항)

만들기

1 귤과 키위의 껍질을 제거하고 한입 크기로 자른다.
2 모든 재료를 블렌더에 넣고 간다.

대추 우유

대추는 한방에서도 다양하게 이용하는 건강식품으로, 비타민 A, 비타민 C, 칼슘, 마그네슘 등의 미네랄이 풍부하여 피로 · 정서불안 · 노이로제 등을 개선하는 효과가 크다. 우유와 함께 블렌더에 갈아 꾸준히 마시면 긴장 · 불안 · 초조함을 풀어 주어 수험생의 집중력 향상에 큰 도움이 된다.

재료

대추(마른 것) 7알
우유 200㎖
꿀 적당량

만들기

1 대추는 물에 씻어서 불려 물기를 닦고 씨를 뺀다.
2 우유와 대추를 블렌더에 넣고 간다.
3 기호에 따라 꿀을 넣어 마신다.

풋콩 바나나 우유

콩의 콜린 성분은 기억력을 높이고 혈관에 콜레스테롤이 쌓이는 것을 방지하며
간장에 지방이 축적되는 것을 방해하여 동맥경화와 간경화를 예방하는 효과가 있다.
바나나의 식물섬유는 장 기능을 좋게 하여 영양 흡수를 돕는다.

재료

풋콩(또는 렌틸콩) 30g
바나나 1/2개
우유 200㎖
콩가루 1큰술
꿀 1작은술

만들기

1 풋콩은 데쳐서 콩을 빼낸다.
2 바나나는 껍질을 벗겨 한입 크기로 자른다.
3 모든 재료를 블렌더에 넣고 간다.

홍삼차

홍삼은 뇌의 노화를 예방하는 효과가 있다. 기억력을 좋게 하고 머리를 맑게 한다.

재료

말린 홍삼 15g
물 1리터

만들기

1 냄비에 찬물과 홍삼을 넣고 물이 절반 정도로 줄어들 때까지 약 30분간 약한 불에 끓인다.

2 홍삼 달인 물을 걸러 매일 아침 한 잔씩 마신다. 나머지는 냉장고에 보관하고 필요할 때 따뜻하게 데워서 마신다.

민트차

짙은 향기가 한여름의 열기로 인한 무기력감을 해소하여 활기를 준다.
뇌의 혈액순환을 돕고 머리를 맑게 하여 기억력과 집중력을 높인다.

재료

민트 잎 40g(신선한 것. 스피아민트가 좋음)
설탕 1~2큰술(선택 사항)
끓는 물 1리터

만들기

1 차 냄비에 민트를 넣고 끓는 물을 부어 5분간
  우러나도록 놓아 둔다. 설탕을 쓸 경우 함께 넣는다.
2 ①을 걸러 유리잔에 담고 민트를 띄운다.

샐러리 사과 탄산수

샐러리 특유의 향기 성분이 기분을 상쾌하게 하고 의욕을 불러일으킨다.
장을 깨끗하게 하고 소화를 돕는 사과를 혼합하면 상승 작용이 있다.

재료

셀러리 1/2대
사과 1개
탄산수 100㎖
레몬즙 약간

만들기

1 셀러리도 적당히 자른다.
2 사과는 깨끗이 씻어 심을 제거한 뒤 한입 크기로
  자른다.
3 셀러리와 사과를 블렌더에 넣고 간 뒤 잔에 담고
  탄산수와 레몬즙을 넣어 마신다.

풋콩 두유

풋콩은 대두의 어린 콩으로, 대두와 채소의 장점을 지니고 있다. 비타민 B1, B2, 칼슘, 단백질, 식이섬유, 베타카로틴, 비타민 C도 풍부하다. 비타민 B1은 탄수화물을 에너지로 변화시켜 몸과 두뇌의 피로를 풀어 주고, 한여름 더위를 예방한다.

재료

풋콩 80g
두유 200㎖
꿀 2작은술

만들기

1 풋콩은 꼬투리째 데쳐서 콩을 꺼낸다.
2 모든 재료를 블렌더에 넣고 15~20초간 간다.

당근 주스

당근 사과 주스

당근 주스

당근에는 비타민 A의 모체인 카로틴이 많아 눈 건강에 좋다.

재료

당근 2개
꿀 1큰술

만들기

1 당근을 주서에 넣어 즙을 낸다.
2 꿀 1큰술을 타서 마신다.

당근 사과 주스

당근의 베타카로틴과 비타민 C가 어울려 효과가 상승한다. 소화를 돕고
장의 기능을 정상적으로 유지함으로써 눈 건강과 관련된 인체 시스템의
해독, 정화 효과가 있다.

재료

당근 2개
사과 1개
레몬즙 약간

만들기

1 깨끗하게 손질한 당근과 사과를 주서에 넣고 즙을
  낸다.
2 레몬즙을 넣어 마신다. 레몬즙은 풍미를 좋게 한다.

당근 사과 생강 주스

생강의 정유 성분이 사과나 당근의 영양소와 만나면 눈의 피로를 풀어
준다. 사과는 혈액순환을 좋게 하는 과일이다.

재료

사과 1/2개
당근 1개
생강 1톨
벌꿀 1큰술

만들기

1 사과는 심을 제거하고 당근은 꼭지를 도려낸다.
2 사과와 당근을 한입 크기로 자른다.
3 모든 재료를 주서에 넣고 간다.

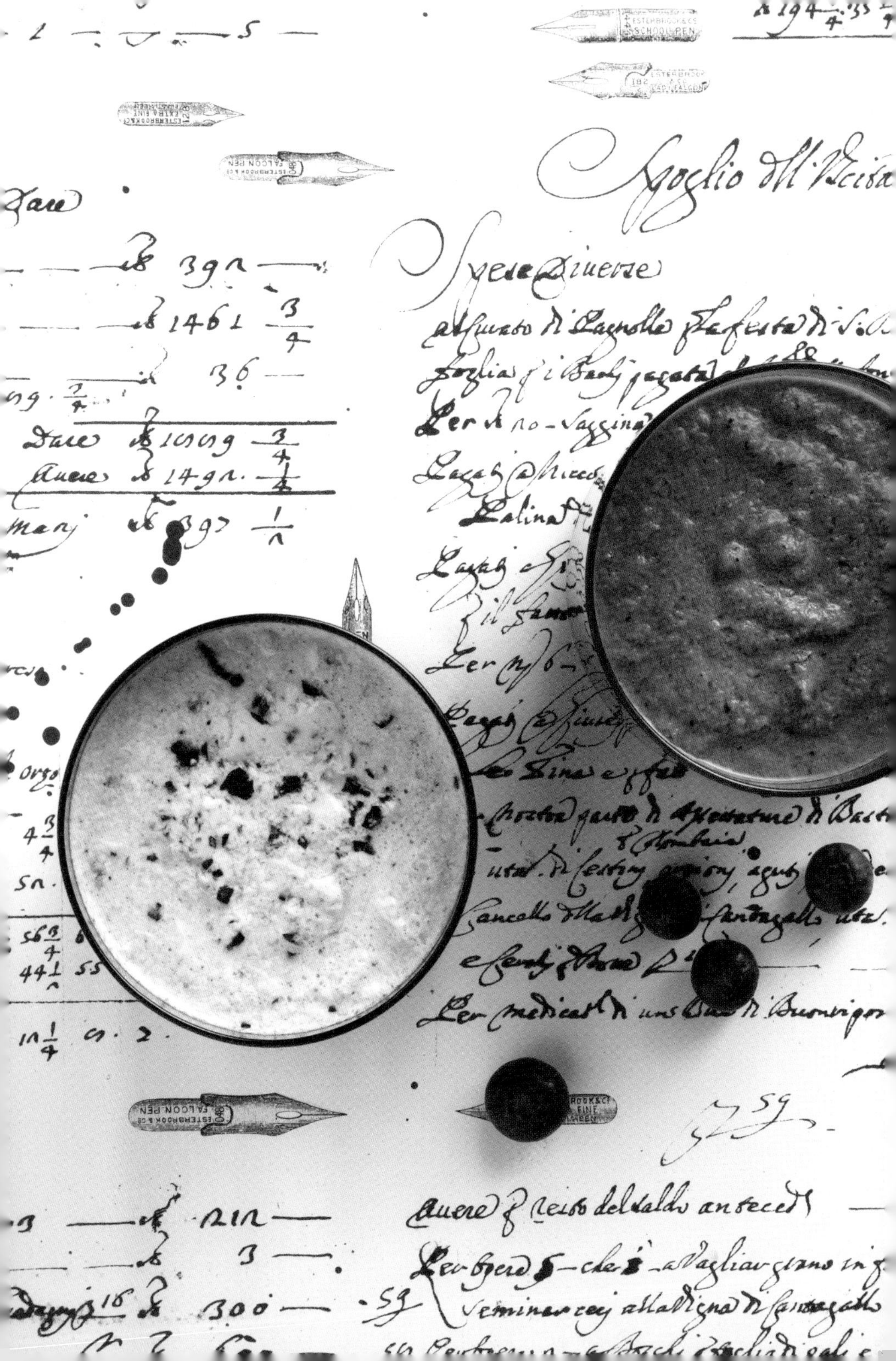
ESTERBROOK & CO
SCHOOL PEN
FALCON PEN
Spese diverse

블루베리 크림치즈

블루베리의 보라색 안토시아닌은 눈의 피로를 풀고 시력 회복 효과가 있다. 칼슘이 들어 있는 크림치즈를 넣으면 감칠맛이 난다.

재료

블루베리 50g
크림치즈 1큰술
우유 200㎖

만들기

모든 재료를 블렌더에 간다.

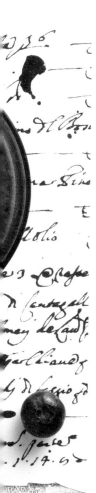

블루베리 당근 두유

눈을 좋게 하고 백내장을 예방한다

재료

블루베리 50g
당근 1/4개
두유 150㎖
꿀 1작은술
레몬즙 1작은술

만들기

1 당근은 껍질을 벗겨 한입 크기로 잘라 5분간 삶는다.
2 모든 재료를 블렌더에 넣고 간다.

셀러리 요거트

셀러리는 글루타민산과 글리신·메티오닌이 많아서 간의 기능을 도와주므로 눈에도
좋다. 셀러리에는 비타민 B1, B2, 비타민 C가 풍부하여 피로 해소 효과가 있다.
채소에는 부족한 칼슘 . 철분 등 무기질도 골고루 들어 있어 아이들의 성장에 도움이
되며, 산만한 아이의 집중력을 키우는 데에도 도움이 된다.

재료

셀러리 1/2대
요거트 100㎖
꿀 1큰술

만들기

모든 재료를 블렌더에 넣고 간다.

망고 단호박 스무디

호박은 껍질째 사용해도 맛이 떨어지지 않는다. 껍질에도 영양소가 풍부하다.

망고와 호박에 들어 있는 카로틴은 점막을 튼튼하게 하고 눈의 피로를 풀어 준다. 양도 넉넉하여 아침식사 대용으로도 손색이 없다.

재료

망고 1/2개
단호박 30g
냉수 100㎖

만들기

1 망고는 씨와 껍질을 제거하여 한입 크기로 자른다.
2 단호박은 껍질째 잘라 씨를 빼고 한입 크기로 잘라 찐다.
   전자레인지에서 익힌다.
3 모든 재료를 블렌더에 넣고 15~20초간 간다.

시금치 바나나 키위 스무디

시금치에 들어 있는 루틴은 눈이 피로할 때 효과가 있다. 바나나와 키위의
식이섬유는 장의 컨디션을 좋게 해 준다.

재료

시금치 40g
바나나 1/2개
키위 1/2개
냉수 100㎖

만들기

1 시금치는 2cm 길이로 자른다.
2 바나나와 키위는 껍질을 벗겨 한입 크기로 자른다.
3 키위를 제외한 나머지 재료를 블렌더에 넣고 15~20초간 갈다가
 키위를 넣고 몇 초간 다시 간다. 키위는 블렌더에 갈면 쓴맛이
 나므로 마지막에 넣는 것이 좋다.

멜론 오렌지 주스

멜론에는 카로틴과 비타민 C가 풍부하다. 오렌지와 섞으면 비타민 C의 상승
작용으로 눈의 피로를 풀며, 동맥경화 예방 효과도 있다. 칼륨도 많아 고혈압 개선
효과가 있다.

재료

멜론 150g
오렌지 1/2개
우유 50㎖
벌꿀 1작은술

만들기

1 멜론은 껍질과 씨를 제거하여 한입 크기로 자른다.
2 오렌지는 껍질을 벗기고 한입 크기로 자른다.
3 모든 재료를 블렌더에 넣고 간다.

신선초 주스

신선초는 비타민 A를 비롯한 비타민류가 풍부하다. 식물섬유도 많아 피곤한 눈뿐 아니라 동맥경화 예방 효과도 있다.

재료

신선초 50g
두유 200㎖
벌꿀 1큰술

만들기

1 신선초를 깨끗이 씻어서 물기를 없애고 한입 크기로 자른다.
2 모든 재료를 주서에 넣고 즙을 낸다.

오렌지 그레이프프루트 포도 주스

자극적인 맛의 감귤류와 달콤한 포도를 섞어 식욕을 촉진하고 소화를 돕는다. 장을
자극하므로 변비 개선 효과가 크며, 한여름에 얼음을 넣어 차게 마시면 폭염도
이겨낼 수 있는 활력이 생긴다.

재료

오렌지 1개
그레이프푸르트 1개
포도 150g
신선한 민트 또는 레몬밤(장식용)
얼음(선택 사항)

만들기

1 모든 과일을 주서에 넣어 즙을 낸다.
2 민트나 레몬밤으로 장식하여 제공한다. 더운 날에는 얼음을 넣어
  마시는 것이 좋다.

바나나 우유 쉐이크

바나나의 풍부한 녹말과 영양 성분은 신경 에너지를 소모하여 불안정해질 때 정신을
안정시킨다. 특히 과로와 스트레스에 의해 야기된 불안증에 효과적이다. 부드럽고
편안한 맛이 마음을 달래 준다.

재료

우유 200㎖
바나나 1개
얼음 5알
꿀 1큰술

만들기

1 바나나는 껍질을 벗겨서 얇게 자른다.
2 모든 재료를 블렌더에 넣고 부드러워질 때까지 간다.

NOTES

바나나 코코넛밀크

바나나와 코코넛 모두 비타민 B군, 칼슘, 마그네슘, 철분, 칼륨 등의 영양분이
풍부하다. 진정 효과가 뛰어나 스트레스를 풀어 준다.

재료

바나나(잘 익은 것 중간 크기) 1개
코코넛밀크 120㎖
계피가루 약간

만들기

1 바나나와 코코넛밀크를 블렌더에 넣고 부드러워질 때까지
  섞는다.
2 계피를 뿌려 마신다.

단호박 아몬드 우유

호박과 아몬드를 섞으면 신경 안정 효과가 크다.

재료

단호박 100g
아몬드 20g
우유 150㎖
꿀 1작은술

만들기

1 호박은 껍질째 잘게 썰어 전자레인지에서 익힌다.
2 모든 재료를 블렌더에 넣고 간다.

토마토 파프리카 스무디

토마토는 껍질을 벗기고 갈아야 입안에 남는 이물감이 없다. 주서를 사용할 때는 껍질째 갈아도 된다.

재료

토마토 1개
녹색 파프리카 1/2개
냉수 1컵
레몬즙 1작은술

만들기

1 토마토는 열 십(+)자로 칼집을 넣어 끓는 물에 살짝 데쳐 찬물에 헹궈 껍질을 벗겨 낸다.
2 파프리카는 반으로 갈라 씨를 도려내고 적당히 자른다.
3 모든 재료를 블렌더에 넣고 곱게 간다.

셀러리 오렌지 주스

셀러리 특유의 향이 신경을 안정시키고 두통을 해소한다.

재료

오렌지 1개
레몬 1/4개
셀러리 1줄기

만들기

1 셀러리는 적당히 자른다.
2 오렌지와 레몬은 껍질과 씨를 제거하고 한입 크기로 자른다.
3 모든 재료를 주서에 넣고 즙을 낸다.

셀러리 파인애플 주스

셀러리 특유의 향이 신경을 안정시키고 두통을 해소한다. 또한 셀러리의
마그네슘과 철분이 빈혈을 예방한다. 파인애플을 섞으면 맛이 훨씬
부드러워진다.

재료

셀러리 1줄기
파인애플 2슬라이스
냉수 50㎖

만들기

1 주서에 파인애플을 먼저 넣고 간 뒤 셀러리를 넣고
  간다.
2 파인애플과 셀러리 모두 섬유질이 단단하므로 천천히
  간다.

딸기 무화과 파인애플 스무디

딸기와 무화과에는 편두통 완화에 탁월한 마그네슘이 많이 들어 있다.

재료

딸기 10개
무화과 1개
파인애플 50g(1/2슬라이스)
우유 50㎖
냉수 100㎖

만들기

1 딸기는 깨끗이 씻어서 물기를 없앤다.
2 무화과와 파인애플은 껍질을 벗긴 뒤 한입 크기로 자른다.
3 모든 재료를 블렌더에 넣고 간다.

파슬리 사과 키위 양상추 스무디

양상추는 내장의 열을 식히고 신경을 안정시키는 효과가 있다. 여기에 파슬리나 사과, 키위의 피로 해소 작용이 어울려 좋은 효과를 얻을 수 있다.

재료

양상추 1/2장
사과 1개
키위 1개
파슬리 5g

만들기

1 키위는 껍질을 벗기고 사과와 키위를 적당하게 자른다.
2 파슬리는 잎만 떼어 찬물에 담갔다가 씻는다.
3 모든 재료를 블렌더에 넣고 간다.

청경채 귤 사과 주스

풍부한 비타민 C가 스트레스를 풀어 주므로 신경이 안정되고 집중력을 높이는
효과가 있다.

재료

청경채 2포기
귤 2개
사과 1/2개

만들기

1 청경채를 한입 크기로 자른다.
2 귤은 껍질을 벗기고, 사과는 껍질과 심을 제거하고 한입 크기로
자른다.
3 모든 재료를 주서에 넣고 즙을 낸다.

상추 민트차

상추차는 불면증에 효과가 좋으며, 민트가 상추의 쓴맛을 완화하므로 잠자기 전에 즐기는 맛있는 음료가 된다.

재료

상추 잎 3~4장(큰 것)
신선한 민트 2줄기
레몬 1/2개
물 300㎖

만들기

1 그릇에 물과 상추를 넣고 15분간 뚜껑을 닫고 끓인다.
2 불을 끈 뒤에 민트를 넣는다.
3 5분간 놔두었다가 걸러 내어 잠자리에 들기 전에 한 잔씩 마신다.

상추의 진정 효과 _ 상추를 잘랐을 때 나오는 하얀 유액인 '락투카리움Lactucarium'은 최면 · 진통 · 진정 효과가 커서 '상추아편'이라고도 한다. 상추를 많이 먹으면 졸린 것도 이 때문이다. 불안과 걱정이 있을 때 상추의 진정 작용이 마음을 진정시키고 잠을 유도하는 데 도움이 된다.

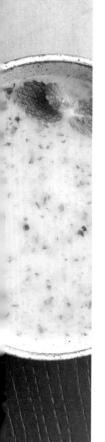

상추 수프

요거트와 상추는 정신이 산만할 때 차분해지도록 돕고, 장식으로 쓴
민트 잎은 머리의 혈액순환을 도와 정신을 맑게 한다.

재료(4회분)

양파 1개(중간 크기 껍질 벗기고 얇게 썬 것)

감자 2개(껍질을 벗기고 깍뚝썰기한 것)

마늘 1쪽(으깬 것)

상추 8잎(잘게 썬 것)

올리브 오일 1큰술

채소 육수 1,000㎖

플레인 요거트 50㎖

소금 · 후춧가루 약간

민트잎(장식용)

만들기

1 소스 냄비에 올리브 오일을 가열하고,
  양파 · 감자 · 마늘 · 상추를 넣어 5분간 볶는다.

2 ①에 육수를 넣고 끓을 때까지 가열한 뒤 끓어 오르면
  뚜껑을 덮고 채소가 부드러워질 때까지 약한 불로
  끓인다.

3 수프가 식으면 블렌더에 넣고 한 번 간 뒤에 생
  요거트를 넣고 젓는다.

4 냉장고에 3~4시간 두어 차게 식힌다.

5 민트로 장식한 뒤 먹는다.

구기자 그레이프푸르트 딸기 스무디

신경 안정. 불안한 마음을 가라앉히고 싶을 때 마신다.

재료

구기자 10g

그레이프푸르트 1/2개

딸기 6개

냉수 200㎖

올리고당 1큰술

만들기

1 마른 구기자는 따뜻한 물에 담가 불려 물기를
  거두고 씨를 뺀다.

2 그레이프푸르트는 껍질을 벗겨 한입 크기로
  자른다.

3 블렌더에 모든 재료를 넣고 간다.

복숭아 배 스무디

여름 과일 중에서 유일하게 따뜻한 성질을 가진 복숭아는 소화력이 약해서 발생하는 냉증을 풀어 주고, 심장의 기능을 보강해서 혈액순환을 활발하게 한다. 배의 소화 효소가 상승 작용을 한다.

재료

복숭아 1/2개

배 1/2개

만들기

1 배는 껍질을 벗기고 심을 제거한 뒤 한입 크기로 자른다.

2 복숭아는 껍질과 씨를 제거한 뒤 한입 크기로 자른다.

3 모든 재료를 블렌더에 넣고 부드럽게 간다.

진피 감초차

감초와 진피를 배합하여 소화 장애를 치료하는 효과가 크다. 말린 귤껍질은 위의 소화 작용을 돕고, 감초는 위를 치료하고 편안하게 하며 가슴앓이로 인한 열과 염증을 덜어 준다. 또한 감초는 부신샘과 밀접한 관련이 있어서 항스트레스 효과가 크다.

재료(2인분)

말린 감초 5g
진피(말린 귤 껍질) 5g
물 600㎖

만들기

1 팬에 재료를 모두 넣고 끓을 때까지 가열한다.
2 20분간 더 끓인 뒤 걸러 낸다.
3 하루 2회, 한 잔씩 마신다.